L'ART D'ÉLEVER

ET DE MULTIPLIER

LES FAISANS

contenant :

LA MANIÈRE DE LES NOURRIR, DE LES ACCOUPLER, DE LES FAIRE PONDRE, DE LES FAIRE COUVER, DE LES GUÉRIR DE LEURS MALADIES, DE LES CHASSER ; LA MANIÈRE D'ÉTABLIR UNE FAISANDERIE ; LA MANIÈRE DE SE PROCURER DES VERS ET DES ŒUFS DE FOURMIS SERVANT A NOURRIR LES FAISANS, ETC. ;

Par ALEXIS VERGUET,

GARDE FAISANDIER DE M. DE S***

Prix : 50 centimes.

PARIS

CHEZ TISSOT, LIBRAIRE

RUE DE LA HARPE, 79.

1853

PRÉFACE

Lorsque les grands seigneurs avaient le privilége exclusif d'élever les faisans, leur unique but était de se procurer les plaisirs de la chasse; mais, au jour de l'émancipation, quand ce bel oiseau eut passé aux bois des simples particuliers, les petits comme les grands propriétaires se sont livrés à son éducation, et dans des vues tout à fait différentes. Ils ont compris tout l'avantage qu'ils pourraient tirer de l'éducation d'un gibier aussi recherché. De là vient le grand nombre de faisanderies particulières qui se sont élevées en France depuis une trentaine d'années, et qui sont devenues pour les personnes qui s'y sont adonnées une spéculation des plus lucratives.

Nous avons pensé qu'un traité sur l'éducation du faisan pourrait être utile à ceux qui ont l'emplacement pour élever une faisanderie, mais qui ne connaissent pas la manière de procéder à son élévation. Nous avons pensé aussi que tous ceux qui élèvent cet oiseau depuis longtemps, n'ayant aucune bonne méthode pour les guider, ne seraient pas non plus fâchés de trouver un guide sûr et certain qui leur apprît les règles à suivre pour obtenir un bon résultat. Pour remplir ce but, nous avons fait tous nos efforts, et nous croyons ne rien avoir omis.

Nous avons traité successivement l'origine, la description et les mœurs de ce magnifique oiseau, les différentes manières de le chasser, les différentes variétés, les lieux qui conviennent à l'établissement d'une faisanderie, et la manière de l'établir; le choix que l'on doit faire d'un bon coq et de bonnes poules pour la reproduction, et le nombre de femelles à donner à un mâle, la nourriture qui leur convient, le choix des œufs, la construction des nids; les précautions à prendre au moment de l'éclosion, la construction des paniers et des caisses pour renfermer les faisandeaux quand ils sont éclos, la nourriture qui leur convient aux différents âges jusqu'à l'état d'adultes, la manière de se procurer des vers pour les nourrir économiquement, les maladies auxquelles ils sont sujets, leurs symptômes et les traitements qu'on peut employer dans ces maladies, etc., etc.

LA VRAIE MANIÈRE

D'ÉLEVER ET DE MULTIPLIER

LES FAISANS.

Origine, description et mœurs du faisan.

Il suffit, dit Buffon, de nommer cet oiseau pour se rappeler le lieu de son origine.

Le faisan, c'est-à-dire l'oiseau du *Phase*, est, en effet, originaire des bords du célèbre fleuve de ce nom.

Si on s'en rapporte aux récits merveilleux, que pour notre compte nous n'acceptons qu'avec réserve parce qu'ils nous paraissent un peu fabuleux, ce bel oiseau était confiné dans la Colchide avant l'expédition des Argonautes. Ce sont ces hardis aventuriers qui le découvrirent sur les bords du Phase, lorsqu'ils le remontèrent pour arriver à Colchos, et qui, en le rapportant dans leur patrie, lui firent, dit notre célèbre naturaliste, un présent plus riche que celui de la toison d'or.

Qui ne sait que le faisan embellit nos forêts et nos parcs comme il fait l'honneur de nos tables par son goût savoureux et la délicatesse de son fumet? Son plumage a beaucoup d'éclat; les tiges des plumes du cou et du dos sont d'un beau jaune doré, et font l'effet d'autant de lames d'or; les barbes de ces mêmes plumes du cou, aussi bien que celles de la tête, brillent d'un vert doré changeant en bleu et en violet; un rouge bien luisant s'étend sur le dos, le croupion et la poitrine ; les ailes sont brunes, avec des taches d'un blanc jaunâtre, et le ventre est blanc; les couvertures du dessus de la queue vont en diminuant, et finissent en espèce de filet; dix-huit pennes composent la queue, qui est fort longue, celles du milieu ont plus de longueur que les autres, qui sont d'autant plus courtes qu'elles sont placées plus près des côtés; les douze du milieu sont rayées transversalement de noir. Les plumes du cou et du croupion sont échancrées en cœur comme quelques plumes de la queue du paon. Les yeux sont entourés d'une membrane charnue d'un rouge écarlate; deux bouquets de plumes d'un vert doré s'élèvent, dans le temps des amours, au-dessus de l'oreille, et l'animal peut fermer à son gré l'ouverture fort grande de cet organe avec d'autres plumes qui l'environnent ; chaque pied est muni d'un éperon court et pointu, qui est d'un gris brun ; les doigts sont joints par une membrane plus large qu'elle n'est ordinairement dans les oiseaux pulvérateurs; le bec a une couleur de corne pâle, et l'iris de l'œil est jaune.

Les couleurs brillantes que nous venons d'indiquer ne sont propres qu'au faisan mâle, elles ont beaucoup moins d'éclat dans la femelle; celle-ci a la tête et le cou d'un brun foncé mêlé de gris rougeâtre ; le dessus du corps d'un brun noirâtre, chaque plume variée de gris tirant sur le rouge et le blanc; le ventre et la poitrine lavés de gris cendré; les ailes d'un brun foncé avec des raies et des taches roussâtres ; la queue beaucoup plus courte que celle du coq, d'un gris rougeâtre avec des bandes transversales noirâtres sur le milieu, et des petites raies brunes sur les côtés. En somme, sa parure modeste, sans avoir beaucoup d'éclat, est agréable à l'œil et a beaucoup d'analogie avec celle de la caille. Elle a aussi derrière le pied un très-petit éperon, qui devient plus grand à mesure qu'elle vieillit; il est très-peu saillant aux pieds des jeunes femelles, et il est entouré d'un petit cercle noir qui ne disparaît qu'à la seconde ponte.

On appelle la femelle du faisan *poule faisane*. Elle est presque d'un tiers moins forte que le mâle, et ne pèse qu'un kilogramme environ, tandis que celui-ci pèse jusqu'à un kilogramme et demi lorsqu'il est dans toute sa grosseur. La longueur de ce dernier est de neuf cent trente-quatre millimètres, la queue seule est longue de cinq cent quarante et un millimètres; les ailes, ployées, ne s'étendent guère au delà du commencement de la queue. Cette brièveté des ailes rend le vol du faisan court et bruyant.

Nous avons à présent peu de cantons en France où il y ait des faisans vraiment sauvages, c'est-à-dire qui n'aient point été élevés dans des parcs avant d'être lâchés dans les campagnes. Avant 93, la Touraine passait pour être la province où il y avait le plus de faisans sauvages. Les forêts de Loches et d'Amboise entre autres en renfermaient beaucoup; mais c'est dans les hautes et basses forêts de Chinon, ainsi que dans celles des communes voisines, qu'il y en avait la plus grande quantité. On en voyait aussi dans les montagnes du Dauphiné qui confinent celles du Piémont, ainsi que dans celles du Forez, dans le Berry, et dans plusieurs îles du Rhin.

On en rencontre encore aujourd'hui quelques-uns dans ces mêmes contrées, mais ils n'y sont plus si abondants qu'autrefois : ce sont les bois situés dans un rayon de dix ou quinze lieues aux alentours de Paris qui en fournissent la plus grande quantité aux plaisirs de la chasse.

Les faisans sont des oiseaux extrêmement farouches, qu'il est presque impossible d'apprivoiser. Lorsque, étant jeunes, on les renferme dans une cage, ils deviennent furieux, ils fondent à grands coups de bec sur leurs compagnons de captivité ; ils se font difficilement à la perte de leur liberté; il n'est pas rare, tant ils sont farouches, qu'ils se brisent la tête contre les barreaux de leur prison, préférant la mort à un triste esclavage. Ils fuient l'homme et les lieux qu'il habite; ils se fuient eux-mêmes les uns et les autres; ils aiment à vivre isolés et ne se rapprochent que dans la saison des amours, au commencement du printemps.

Ces oiseaux se plaisent dans les bois, les fourrés les plus impénétrables, tels que les buissons d'épines et les ronces, ce sont là les lieux qu'ils affectionnent le plus. Ils se tiennent à terre dans les taillis, d'où ils sortent de temps en temps, principalement le soir et le matin, pour gagner les chaumes et les terres nouvellement ensemencées. Ils ne se plaisent pas trop en pleine forêt, parce qu'ils n'y trouvent pas une nourriture abondante ni facile. Ce n'est que dans les cantons où ils sont communs qu'ils se montrent dans les plaines.

Ils n'ont pas le pouvoir de choisir leur nourriture dans le courant de l'année, mais ils savent profiter à chaque saison de celle que leur offre la nature. Dans le courant de l'été, par exemple, pendant les récoltes, ils se nourrissent, quand ils sont logés aux abords de terres ensemencées, de graines de différentes espèces, telles que le froment, l'orge, le sarrasin ou blé noir, de chènevis, de pois, de graine de navette et de vesce. Ils trouvent aussi les marrons sauvages, les œufs de fourmis, les baies du sorbier, du genièvre et du troëne.

Quand toutes les graines que nous venons de désigner sont épuisées pour eux, arrive l'automne, et, si cette saison ne leur offre pas une nourriture si abondante ni si variée, elle leur fournit, quand ils sont dans un pays vignoble, les raisins, dont ils sont très-friands; et, si les vignes leur manquent, ils se répandent sur les terres qui viennent d'être ensemencées, glanant avec avidité le grain que n'a point recouvert la charrue. En se mettant à l'affût, soit au soleil levant, soit de quatre à cinq heures du soir, il sera alors facile de les surprendre, surtout de la lisière du bois et presque toujours à la même place, allant chercher leur pâture.

C'est l'hiver qui est pour eux le temps de leur existence le plus critique, cette saison leur offre peu de ressources; c'est une époque de privation et de disette : ce sont les glands, les châtaignes et les faînes, avec quelques anciennes baies tombées de certains arbres forestiers, qu'ils déterrent cachées sous la mousse ou la neige, qui font presque tous les frais de leurs repas.

Dès que le soleil est couché, les faisans, semblables en cela aux oiseaux de basse-cour qui gagnent tous quelques remises pour s'y jucher, éprouvent le besoin de se percher ; ils se dirigent vers les contrées où il y a des chênes élevés, et s'y branchent pour passer la nuit. Il est très-probable que cette précaution prudente leur est inspirée par un instinct de conservation. En effet, que d'ennemis n'auraient-ils pas à redouter en passant la nuit à terre ! ne deviendraient-ils pas la proie de la fouine, du renard, du putois, du chat sauvage, et généralement de tous les animaux malfaisants? En se plaçant à une certaine élévation, ils ne sont pas entièrement à l'abri de ces animaux voraces, puisque dans le nombre quelques-uns grimpent sur les arbres, mais ils diminuent du moins les chances de l'attaque.

En se perchant, le faisan mâle fait toujours entendre son cri que l'on entend de fort loin, consistant à peu près dans la répétition de ces mots : *ka-kack*, qu'il répète à certains intervalles, et principalement dans la saison des amours. Le matin, dès que le jour commence à paraître, il ne manque pas non plus de faire entendre son chant ; le cri de la femelle est beaucoup plus faible que celui du mâle.

Dans les pays où l'on élève des faisans dans un état de demi-liberté, comme on faisait en France dans les capitaineries, l'on voit ces oiseaux se réunir en troupe, lorsque la terre dépouillée des récoltes les force de se rassembler aux remises dans lesquelles on les conserve. Alors, ils sortent du bois deux fois par jour pour chercher leur nourriture, ce qu'on appelle aller au gagnage, tous à peu près ensemble s'acheminent au lever du soleil. Lorsque cet astre commence à monter sur l'horizon, leur repas étant bientôt fait parce que, alors, la nourriture est abondante, la chaleur qui se fait sentir les invite à rentrer au bois. Ils en sortent ensuite entre cinq et six heures, et leur repas dure jusqu'à la nuit; ils rentrent alors pour se jucher.

Les faisans vivent ordinairement six à sept ans; c'est la durée de la vie de la poule commune. L'on sait qu'un faisandeau est un met exquis et, en même temps, fort sain; aussi c'est un morceau cher et fort recherché, et, pour se le procurer, les riches gourmets n'épargnent point les dépenses. L'éducation du faisan est devenue un art, même assez difficile, dont nous parlerons après que nous aurons indiqué les manières de le chasser.

Chasse du faisan.

Nos monarques ont eu longtemps le privilége exclusif de chasser le faisan; l'ancien règlement général des chasses pour les capitaineries royales et pour celles de la maison d'Orléans défendait, à peine de cent livres d'amende, d'en enlever les œufs, et condamnait à cent vingt-cinq livres tous gentilshommes possesseurs de terres enclavées dans ces mêmes capitaineries qui seraient surpris à tuer un de ces oiseaux, et la loi du 3 mai 1844 punit d'une amende de seize francs à cent francs ceux qui auront pris ou détruit des œufs de faisans. Mais aujourd'hui il s'est émancipé des parcs royaux en s'envolant dans les forêts communales, et de celles-ci dans les bois des simples particuliers; il n'est à présent qu'un gibier ordinaire.

On chasse le faisan au fusil et au lacet, ou autres piéges.

Au fusil, la chasse de cet oiseau est la même que celle de la perdrix. On peut en tuer aussi en se tenant à l'affût au pied des grands arbres que les faisans cherchent pour s'y percher pendant la nuit, et, comme ils ne manquent pas en y volant de jeter le cri que nous avons indiqué, ils se trahissent en indiquant eux-mêmes l'arbre qu'ils ont choisi pour y prendre du repos, et qui devient pour eux l'arbre de la mort. Cette chasse meurtrière était fort pratiquée par les braconniers des environs de Paris; elle était en même temps très-facile, car le faisan perché sur son arbre se laisse approcher autant que l'on veut et souffre même qu'on lui tire plusieurs coups de fusil sans quitter l'arbre.

Les lacets pour prendre les faisans sont les mêmes que ceux dont on se sert pour prendre les perdrix.

Les habitants des montagnes du mont Caucase, où les faisans sont très-communs, se servent d'un lacet particulier pour attraper cet oiseau, qui, en passant à travers des roseaux épais, y laisse des traces en tous sens. C'est dans ces espèces de sentiers qu'on place le lacet, et il est assujetti à une verge élastique que l'on courbe par le bas; il est également entrelacé autour d'un petit bois qui, tendu par la verge élastique et un cordon, presse un bâton, mis en travers sur un arc assujetti en terre, et le tient droit. Sur ce bâton en reposent plusieurs autres petits qui traversent la trace sur laquelle on tend le piége. Sitôt que le faisan pose le pied sur un de ces petits bâtons, le pied de l'oiseau presse contre terre celui qui est mis en travers; le petit bois part, la verge élastique se dégage et se relève avec promptitude, emprisonne les pieds de l'oiseau dans le piége et l'enlève avec lui en l'air, de manière qu'il se trouve dans l'impossibilité de se dégager.

Différentes variétés de faisans.

De la souche commune que nous avons décrite, il y a plusieurs variétés qui s'en rapprochent plus ou moins, qui sont :

1° Le *faisan à collier*, qui est une race très-voisine du faisan commun, puisque ces deux oiseaux produisent ensemble et donnent la vie à des individus qui se propagent entre eux, et avec les premiers. Cette race est depuis longtemps multipliée dans les parcs en Angleterre. Les premiers qui parurent à Paris furent appelés par les oiseleurs faisans paons, à cause des taches du dos plus larges, plus régulières, et ayant de loin l'apparence des yeux de la queue du paon. Ce faisan a la tête, la gorge, l'abdomen et le cou, d'un noir pourpré; un collier blanc sur la dernière partie; deux rangées de cette couleur sur chaque côté de la tête; les plumes du bas du cou et du haut de la poitrine d'un rouge cuivreux et terminées de noir; les ouvertures des ailes couleur de plomb; le haut du dos noir et tacheté de jaune; le bas de cette partie varié de blanc et de roux; les pennes de la queue olivâtres sur leur milieu, d'un rouge violet dans le reste, avec de larges bandes noires et transversales; les pieds gris; le bec jaunâtre; l'iris d'un beau jaune; longueur totale, sept cent quatre-vingt-cinq millimètres.

La femelle a au-dessus des yeux une petite bande de plumes très-courtes et noirâtres; le plumage généralement d'une teinte plus rembrunie que la femelle du faisan commun; elle n'a point, comme celle-ci, des taches noires sur la poitrine; les bandes transversales de la queue sont plus prononcées.

Les œufs de cette race sont d'un bleu verdâtre avec de petites taches d'une teinte plus foncée. Les petits qui naissent de cette espèce sont plus difficiles à élever que ceux des autres faisans.

2° Le *faisan noir et blanc*, ou *argenté*. Bel oiseau plus gros que le faisan commun; il est aussi plus robuste, plus disposé à s'apprivoiser et moins délicat à élever que le dindon; ses œufs ont la grosseur de ceux de la poule, et une couleur roussâtre avec de petits points blancs.

Des taches noires et déliées traversent obliquement le plumage de cet oiseau sur le fond blanc du dessus du cou et du corps, et un fond déjà si pur et si brillant reçoit encore plus d'éclat par le contraste du noir pourpré qui couvre les mêmes parties en dessous. Les ailes et la queue sont également blanches et rayées de noir, à l'exception des deux pennes du milieu de la queue, dont le fond est uniforme; une large huppe retombant en arrière et d'un noir pourpré surmonte la tête. Les yeux sont entourés d'une peau nue d'un rouge éclatant et qui peut s'étendre, suivant que l'oiseau est affecté, jusqu'à excéder beaucoup la tête; l'iris est jaune et le bec jaunâtre avec un peu de brun à son extrémité; les yeux sont d'un rouge vif et les éperons sont blancs.

3° Le *faisan tricolore huppé*, ou *faisan doré*, est un de ces oiseaux que la nature s'est plu à parer avec magnificence: l'or, l'azur, le pourpre, brillent sur son manteau, et de longues plumes soyeuses, qui tombent mollement le long de son cou, se relèvent quand il le veut et forment au-dessus de sa tête un panache doré. Sa queue, plus longue que celle du faisan commun, est aussi plus émaillée, et au-dessus des pennes qui la composent sortent des plumes longues et étroites à tiges jaunes et à barbes de couleur écarlate. Il a le dessus du cou d'un vert doré rayé transversalement de noir, la partie supérieure du corps d'un jaune doré, et l'inférieure d'un rouge de pourpre; les pennes moyennes des ailes d'un blanc d'azur, les pennes latérales de la queue rayées obliquement de noir sur un fond marron; l'iris, le bec, les pieds et les ongles jaunes.

Dans les femelles, les dimensions et les proportions sont un peu plus petites. Son plumage n'a ni éclat ni vivacité dans les couleurs: c'est du brun jaunâtre en dessous et du brun roussâtre sur le corps et la queue. Les jeunes mâles ressemblent aux femelles, et ce n'est qu'à la seconde mue qu'ils commencent à se revêtir de toute la richesse et de toute la beauté de leur parure. A mesure que les femelles vieillissent, leur plumage se rapproche de celui du mâle, et elles prennent aussi les longues plumes qui, dans le mâle, accompagnent les plumes de la queue.

4° Le *faisan panaché*, ou *faisan varié*. Des taches qui réunissent toutes les couleurs du faisan commun sont semées sur le fond blanc du plumage de cette variété.

5° Le *faisan noir*. Oiseau dont les plumes sont noires et bordées de blanc; cette bordure est plus large sous le corps qu'en dessus; sur le derrière de la tête une longue huppe se couche en arrière, les pieds sont armés chacun d'un éperon, le bec est blanc et les côtés de la tête sont unis et rouges.

De la faisanderie.

On appelle faisanderie le lieu où l'on élève des faisans à l'aide d'une incubation étrangère.

Cette éducation domestique est le meilleur moyen de multiplier le faisan, soit pour en peupler promptement une terre, soit pour réparer la destruction que la chasse en fait, soit enfin pour se créer une industrie dans la vente des élèves. L'éducation de cet intéressant oiseau est une spéculation lucrative lorsqu'on y consacre le temps et les soins nécessaires; quand on sait proportionner le nombre des sujets qu'on élève à l'étendue de l'exploitation, à la nature du sol, et surtout au produit qu'on y récolte. Un établissement de ce genre monté sur une petite échelle est peu coûteux; et les frais une fois faits sont assez souvent couverts par les bénéfices de la première année.

Il y a une vingtaine d'années, il n'existait en France que très-peu de faisanderies, si on en excepte celles consacrées aux plaisirs de nos rois; mais, depuis cette époque, bon nombre de spéculateurs, séduits par le gain que leur offrait l'exploitation d'un gibier qu'ordinairement on désire le plus, que l'on sait le moins se procurer, et surtout la facilité que l'on a de s'en défaire avantageusement, ont créé des faisanderies qui, indépendamment des bénéfices qu'ils y réalisent, leur font trouver dans cette attrayante industrie l'insigne bonheur de passer des jours heureux à la campagne.

Pour entreprendre une éducation de faisans, il faut, autant que possible, y destiner une portion de bois ou de parc d'une étendue proportionnée. Sa position est de la plus grande importance : un climat doux et tempéré contribue puissamment à la santé et à la propagation de ces oiseaux. Il est essentiel qu'elle soit établie dans un site plat et élevé, afin que les jeunes faisandeaux soient préservés des fraîcheurs qui règnent dans les bas-fonds pendant les nuits et les matinées à partir du mois d'août.

Elle doit être établie au centre de la propriété, et celle-ci doit renfermer un bois de peu d'étendue composé d'arbres à feuilles et de terres en culture à l'entour avec des prairies arrosées par des sources d'eau vive. Ce sont les lieux ainsi composés que ce gibier affectionne le plus. Elle devra en outre être surmontée par des arbres élevés, comme par exemple le chêne et le hêtre. Le faisan n'aime pas beaucoup se réfugier dans les bois clairs, il aime infiniment mieux ceux qui lui offrent une nourriture succulente et abondante, tels qu'arbustes, ronces, etc., qui produisent une quantité de fruits connus sous le nom de baies. L'exposition du midi est la plus convenable de toutes ; quant aux arbres et arbustes dont l'on doit aménager la propriété, ce sont le cornouiller, le genévrier, l'épine noire et l'épine blanche, le merisier à grappe, le fusain, le petit groseillier des haies, le groseillier à fruits rouges, le framboisier, la ronce, le sureau à fruits noirs et à fruits rouges.

L'étendue de la faisanderie doit, comme nous l'avons dit. être proportionnée à la quantité de gibier qu'on y veut élever. Un arpent (cinquante et un ares) peut en contenir cent vingt, mais, plus une faisanderie est spacieuse, meilleure elle est.

Dix arpents (cinq hectares, dix ares) sont suffisants pour contenir le nombre dont un faisandier peut prendre soin. Il est nécessaire que les bandes de jeune gibier qu'on élève soient assez éloignées les unes des autres pour que les âges ne puissent pas se confondre ; le voisinage de ceux qui sont forts est dangereux pour les faibles, et, resserrés dans de trop étroites limites, ces oiseaux, jeunes comme vieux, se font la guerre ; la ponte devient alors plus difficile et plus longue, et les œufs ne sont pas fécondés, parce que les coqs se font une guerre acharnée.

Une faisanderie doit être un enclos fermé de murs ayant au moins deux mètres de hauteur, bien crépis en dehors. Dans les localités où le bois est abondant; on peut remplacer ce mur par une palissade en planches, mais il faut la construire de manière à empêcher les animaux malfaisants de s'introduire dans l'intérieur. Les planches devront donc être bien rabotées extérieurement, afin qu'elles soient bien unies, pour empêcher ces animaux de grimper du dehors. Lorsque l'enclos est terminé, qu'il soit en maçonnerie ou en planches, il devra être garni d'une tablette inclinée et saillante à l'extérieur de quarante centimètres pour rompre le saut du renard, le plus redoutable de tous les animaux voraces. Il franchit souvent une distance de trois à quatre lieues pour venir exercer ses ravages; il profite des orages de la nuit pour faire ses excursions, parce que, dans ces moments de grandes pluies, les faisans descendent des arbres et couchent à terre. Dans le cas où il parvient à s'introduire dans la faisanderie, il fait un véritable carnage de tout ce qu'il peut saisir; puis, son carnage accompli, il emporte sa proie et l'enterre dans les terres environnantes. Il y a encore d'autres animaux nuisibles qui, sans porter autant de préjudice à une faisanderie que les renards, n'en sont pas moins dangereux; ce sont les putois, les martres, les belettes, les chats, les chiens, les autours et les vautours; ils attaquent les faisandeaux déjà forts, et même les vieux faisans. Toutes ces bêtes voraces, et avec elles les oiseaux de rapine, tels que les corneilles, les corbeaux, les pies et les pies-grièches, recherchent les œufs, dont elles sont très-friandes.

Comme on le voit, les ennemis du faisan sont assez nombreux pour qu'on ne néglige rien de ce qui peut les empêcher de s'introduire dans la faisanderie.

Il y a encore une précaution qu'on ne doit pas négliger,

quand il y a facilité pour l'écoulement des eaux : c'est de ménager dans le mur de clôture des petits trous et d'établir à l'entrée de chacun un piége, comme par exemple un trébuchet à bascule.

La faisanderie étant bien préservée de l'invasion des quadrupèdes nuisibles, il reste encore à détruire les oiseaux de proie. Pour s'en défaire, il faut planter de distance en distance, dans l'intérieur du parc, une quantité de poteaux proportionnée à son étendue, ayant six mètres de hauteur, lesquels poteaux on armera de traquenards à bascule à leur extrémité. L'oiseau, en se posant sur la marchette de ce piége, la fait tourner et se prend par les pattes.

Après avoir terminé le mur de clôture et pris les précautions nécessaires pour empêcher les animaux malfaisants de pénétrer dans le parc, l'éducateur de faisans devra s'occuper de la distribution intérieure suivant les règles ci-après.

Il commencera par partager son terrain en carrés de même grandeur, séparés les uns des autres par des routes de cinq à six mètres de largeur. Ensuite il tracera dans ces mêmes carrés plusieurs petits sentiers sinueux d'un mètre cinquante centimètres de large, qui serpentent d'un bout à l'autre, à peu près semblables aux allées d'un jardin anglais. Dans un certain nombre de ces carrés, il cultivera les grains que les faisans préfèrent : l'orge, l'avoine et le sarrasin. Dans quelques autres, il sèmera de l'herbe artificielle ou du gazon qu'il entretiendra avec soin. L'emplacement de ces différentes cultures, qui devront comprendre à peu près la moitié de l'étendue du parc, étant choisi, il plantera dans ce qui restera de petits bois épais et fourrés, pour que chaque bande de gibier en ait un à portée d'elle ; ce secours lui est nécessaire pendant les grandes chaleurs.

Pour élever des faisans avec fruit et en former de grandes peuplades qui prospèrent, il est de toute nécessité qu'ils aient de l'eau à leur disposition. Une source formant ruisseau, avec des bords à pente douce, soit en gazon, soit en grève, pour que les faisandeaux puissent s'approcher pour boire, est ce qu'il y a de plus convenable pour la santé de ces oiseaux. Lorsque la faisanderie n'en fournit pas naturellement, il faut y creuser une mare.

L'arrangement étant fait de la manière que nous venons de l'indiquer, on procédera aux constructions nécessaires, qui sont : le *logement du faisandier*, les *parquets*, la *couverie* et le *bâtiment des élèves*. Le tout d'après les règles ci-après.

Du logement du faisandier.

Le logement destiné à l'habitation du faisandier chargé de surveiller la faisanderie doit être placé autant que possible à l'entrée du parc, et en face des parquets, pour qu'il puisse voir de ses fenêtres tout ce qui se passe autour de lui ; quant à sa forme, il doit être tout à fait semblable à une maison de garde.

Des parquets.

On appelle parquets de petits enclos séparés destinés à renfermer les faisans pour les faire pondre. L'étendue nécessaire de chacun de ces parquets, pour contenir six poules et un coq, doit avoir cinq mètres de long, trois mètres de large et deux mètres de hauteur. La quantité à établir dans une faisanderie dépend de son importance. L'exposition la plus convenable est celle qui les garantit du vent du nord et qui les expose au midi et aux rayons du soleil aussitôt qu'il paraît sur l'horizon. On les adosse au mur de clôture, et on les construit partie en maçonnerie et partie en grillage, en fil de fer ou en treillage en bois.

La toiture se composera d'un grillage en fil de fer ou d'un filet de corde reposant sur un poteau placé au centre du parquet, élevé d'un mètre cinquante centimètres plus haut que le reste de la bâtisse et formant toit des quatre côtés. Le poteau servira aussi aux faisans qui voudront se jucher. Pour cet effet, on le traverse par cinq ou six bâtons d'un mètre de long, disposés de manière que les faisans juchés dans le haut ne salissent pas ceux qui sont placés plus bas (*fig.* 1).

1re

Il faut faire en sorte que la cloison qui sépare deux parquets soit assez épaisse pour que les faisans de l'un ne voient et n'entendent pas ceux de l'autre. A défaut de mur ou de planches, on peut employer des roseaux ou de la paille de seigle. Si la séparation était à claire-voie, les mouvements d'inquiétude et de jalousie que s'inspireraient deux coqs voisins les feraient négliger leurs femelles, et il en résulterait un grand préjudice pour la propagation. On peut, en cas de besoin, établir une petite porte servant de communication entre deux parquets, et au fond de chacun de ces parquets on construira une petite niche en maçonnerie ou en planches, avec sorties sur les côtés, pour servir d'abri aux oiseaux pendant la pluie. Dans chaque enclos, on déposera dans un de ses coins un paillasson de roseaux ou de genêts, afin que les poules puissent pondre dessus, et, sur l'un des côtés, on établira une auge, dont une partie sera réservée pour mettre de l'eau fraîche renouvelée tous les jours, et la plus grande partie sera destinée à mettre le grain qui doit servir à nourrir les poules et le coq. Le sol sera gazonné ou sablé. Chaque parquet devra avoir sa porte d'entrée.

De la couverie.

La couverie doit être établie dans un lieu obscur et tranquille et d'une chaleur modérée. La trop grande clarté et le bruit troublent l'incubation, et la trop grande chaleur incommode les poules couveuses, ce qui nuit aussi à la multiplication.

Ce qui convient le mieux pour une couverie est une petite pièce au rez-de-chaussée un peu enterrée, assez semblable à un cellier, afin que l'impression du tonnerre s'y fasse moins sentir, et d'une dimension proportionnée au nombre de poules que l'on veut y faire couver. Quand le jour y pénètre trop, on a soin d'intercepter la lumière en appliquant sur les fenêtres une toile assez épaisse pour rendre la pièce obscure.

Du bâtiment des élèves.

Ce petit bâtiment, destiné à renfermer les jeunes faisandeaux à mesure qu'ils éclosent, est une petite pièce attenante à la couverie, dans laquelle on les loge pendant les cinq ou six jours qui suivent leur naissance.

De la ponte.

C'est ordinairement du 8 au 20 avril, époque où les gelées cessent de se faire sentir, que les poules faisanes commencent à travailler à la reproduction. Elles pondent ordinairement de deux ou trois jours l'un, depuis quinze jusqu'à dix-huit œufs. Le 1er juin, la ponte cesse, et, si après cette époque il y a des poules qui pondent encore, il n'y a qu'une partie de leurs œufs de fécondés, et, si quelques-uns le sont, les petits n'ont pas le temps de bien venir. La saison plus ou moins chaude et la plus ou moins bonne exposition des parquets avancent ou retardent la ponte. Ceux qui se trouvent placés au midi, le long d'un mur, auront, grâce à cet abri, au moins huit jours d'avance sur ceux qui seront autrement situés. Il est toujours avantageux que la ponte soit précoce pour que les faisandeaux aient le temps de grossir avant les gelées blanches de l'automne. Du 1er février au 1er mars, on renferme dans les parquets les femelles et les mâles choisis pour la propagation. Les avis sont partagés sur le nombre de femelles à donner à chaque mâle : les uns veulent ne lui en donner que deux, pendant que d'autres lui en donnent dix. Nous croyons, d'après notre propre expérience et en tenant compte de toutes les circonstances, comme par exemple de la température du climat où est établie l'exploitation, de la nature du sol, de la quantité et de la qualité de la nourriture et d'autres circonstances, que deux poules ne suffisent pas à un coq, et qu'il ne peut pas lui-même suffire à dix. En lui en donnant cinq à six, il peut facilement les féconder, et, si ce nombre était moindre, il les tourmenterait sans cesse, ce qui nuirait également à la propagation. Dans toutes les faisanderies particulières et même dans les royales, on s'est toujours borné à renfermer dans chaque parquet cinq à six poules avec un coq. Les faisans provenant de forêts, étant très-farouches, doivent être mis en parquet dès les premiers jours de février, parce qu'il leur faut le temps nécessaire de s'apprivoiser avant de travailler à la reproduction ; ceux pris dans les parcs ou réserves, dans les derniers jours du même mois, et les élèves de l'année précédente nés dans la faisanderie, vers le 15 mars. Tous les soirs on ramasse avec soin, dans chaque parquet, les œufs pondus dans la journée ; sans cette précaution, il y en aurait beaucoup de cassés et de mangés par les poules mêmes.

Choix des coqs et des poules pour la reproduction.

Les meilleurs coqs sont ceux qui ont du feu dans les yeux, une taille un peu au-dessus de la moyenne, la poitrine large, les ailes fortes, les cuisses musculeuses, les jambes grosses, et, en général, toutes les proportions qui annoncent la force. Ils doivent être âgés de deux ans ; leur vigueur dure quatre à cinq ans; après ce temps, ils doivent être remplacés par de plus jeunes. Quand on s'aperçoit qu'ils deviennent mous et paresseux par suite d'une nourriture trop rafraîchissante ou du refroidissement de la température, il faut leur donner des aliments excitants, comme par exemple du chènevis.

Les poules faisanes les plus aptes à la reproduction sont celles qui sont âgées d'un an à deux, d'une moyenne grosseur, la tête grosse et le cou épais, et d'un embonpoint médiocre. Les poules trop grasses ne pondent guère et leurs œufs sont clairs, par conséquent ne peuvent servir à l'incubation.

Nourriture des faisans renfermés dans les parquets.

La première nourriture que l'on donne aux faisans renfermés dans un parquet se compose de blé, d'orge ou d'avoine. Comme ils sont naturellement très-mous, on leur donne, vers le 15 mars, un peu de chènevis, afin de hâter l'époque de leur accouplement. Il faut qu'ils soient bien nourris, mais il serait dangereux qu'ils fussent engraissés ; les poules trop grasses pondent moins, et la coquille de leurs œufs est si molle, qu'ils courent risque d'être écrasés dans l'incubation.

Nous ne pouvons mieux faire que de donner ici la méthode suivie dans les faisanderies royales, que nous trouvons dans le *Traité des Chasses* de M. Jourdain, ex-inspecteur des forêts et chasses du roi, un des hommes les plus compétents sur cette matière. Pour un coq et six poules qui composent ordinairement un parquet, on donne par jour, jusque vers la mi-mars, six décilitres de blé. A cette époque, on retranche deux décilitres de blé, et on y ajoute six centilitres de chènevis et un œuf dur émietté avec du pain. On continue cette nourriture jusqu'à la fin de la ponte. Mais il est à remarquer que les faisans mangent moins alors, et l'on peut diminuer la nourriture si on s'aperçoit qu'ils en laissent. Le matin, on donne le blé et le chènevis, et, le soir, on donne les œufs émiettés sur une planche propre.

De l'Incubation.

Choix des oeufs. — On choisit pour l'incubation les œufs pondus dans la quinzaine, provenant de poules faisanes âgées de un à deux ans qui aient été fécondées par de bons coqs. Tous les œufs pondus qui n'ont pas été fécondés par un coq ne réussissent pas, et tous ceux même provenant de poules qui ne sont point privées de coq ne sont pas des œufs féconds ou qui aient un germe bien conditionné. Ces imperfections proviennent de ce que les parquets ne sont pas fournis d'aussi bons coqs qu'il serait nécessaire pour que tous les œufs soient propres à être couvés. La couleur des œufs du faisan est d'un gris verdâtre, marqué de petites taches brunes, arrangées en zones circulaires autour. Ils sont beaucoup moins gros que ceux des poules de basse-cour, et la coquille est plus mince que ceux des pigeons.

Construction des nids. — Les nids sont des paniers d'osier pour y établir la poule à son aise. On les ferme par un couvercle à claire-voie pour laisser pénétrer l'air, et on les recouvre d'une toile pour intercepter la lumière. On les garnit de foin bien sec, et ensuite on les place dans la couverie.

Des poules couveuses. — Les poules que l'on choisit ordinairement pour couver les œufs de faisans sont des poules communes de moyenne grosseur, bien emplumées, et celles qui craignent le moins l'approche de l'homme. Les vieilles couvent souvent avec plus de constance que les jeunes. Les bonnes fermières, au lieu d'employer à l'incubation les poules, qui, sans ce soin, ne tarderaient pas à recommencer leur ponte, leur substituent les dindes, qui, d'ailleurs, sont d'excellentes couveuses, et peuvent contenir sous elles un plus grand nombre d'œufs. On peut même leur faire exécuter plusieurs couvaisons consécutives, dont elles s'acquittent également bien (1). Ce procédé est avantageux pour couver les œufs de poules; mais il n'en est pas de même de ceux de faisans, qui, ayant la coquille extrêmement mince, ne pourraient résister à la pesanteur de la dinde. On reconnaît qu'elles sont disposées à couver quand elles ont cessé de pondre, qu'elles gloussent presque continuellement, quand leur démarche devient inquiète, qu'elles se se posent sur tous les œufs qu'elles rencontrent, et que leur ventre, devenu brûlant, se dégarnit de plumes.

Voilà les signes qui indiquent que le moment est venu de placer les couveuses sur les œufs que l'on désire leur faire couver. Si l'on n'était pas bien certain de leurs bonnes dispositions à cet égard, on pourrait encore, pour plus de sûreté, les essayer sur leurs propres œufs, ou sur ceux d'une autre, avant de les placer sur ceux de faisans.

La poule couve avec tant d'assiduité, qu'elle est capable de se laisser mourir de faim sur ses œufs, si on n'a pas soin de la faire sortir deux fois par jour, matin et soir, soit pour la faire manger, soit pour la rafraîchir. On la lève de dessus son panier en la prenant doucement par les ailes, et on saisit en même temps ses deux pattes pour qu'elle ne dérange pas les œufs en faisant des efforts pour se dégager. Ensuite, on

(1) Voyez, pour la manière de les dresser, l'*Art d'élever les poules*, par Routillet.

la place pendant une demi-heure environ, avec une autre couveuse, sous une mue d'osier, et on leur donne pour les deux, dans une petite mangeoire, dix à douze centilitres d'orge, et on place à côté de la mue, mais en dehors, un petit vase rempli d'eau fraîche. On profite de son absence pour mettre de côté les œufs cassés, mais il faut bien se garder de les remuer, car la poule les retourne elle-même quand elle le juge nécessaire. Après ce temps écoulé hors du panier, on la replace avec les mêmes précautions sur ses œufs, que l'on a eu soin de recouvrir d'un petit coussinet en laine pour conserver la chaleur pendant son absence.

La mue devra être placée sur un fond sablé, afin qu'après avoir mangé et s'être vidée la poule puisse se rouler sur le sable pour se débarrasser de la vermine qui la ronge.

Aussitôt après que la couveuse est replacée sur ses œufs, il faut avoir soin de nettoyer les ordures qui se trouvent sous la mue, pour qu'elle ne conserve pas une mauvaise odeur. Quelques personnes préfèrent ne pas déplacer la couveuse et mettent du grain et de l'eau à côté de son panier ; cet expédient est même le meilleur.

De l'éclosion.

En établissant la poule dans la couverie, on ne lui donne pas plus d'œufs qu'elle ne peut en couvrir ; elle ne peut pas en échauffer plus de dix-huit à vingt. Ces œufs, recueillis soigneusement au fur et à mesure qu'ils auront été pondus, devront être tenus, jusqu'au moment de l'incubation, bien enveloppés dans du foin sec ou de la plume et à une température fraîche pour éviter que la chaleur n'altère le germe. Si on ne les ramassait pas avec soin tous les soirs dans chaque parquet, ils seraient souvent cassés et mangés par les poules mêmes. C'est ordinairement au bout de vingt-quatre à vingt-cinq jours d'incubation que les petits éclosent, quelquefois un peu plus tôt, quelquefois un peu plus tard, suivant la chaleur de la saison et l'assiduité de la poule à couver. Dans ce moment, il faut veiller attentivement à ce que les premiers-nés soient, à mesure qu'ils sortent de leur coquille, retirés du nid; autrement, la poule croit sa tâche terminée, et pour eux abandonne les derniers œufs, qui n'éclosent quelquefois que deux ou trois jours après les premiers.

Il arrive souvent que les faisandeaux qui mettent du retard à sortir de leur coquille périssent faute de pouvoir sortir du mauvais pas où ils se trouvent, si on ne vient à leur secours à temps.

Après avoir commencé à bêcher sa coquille, le faisandeau s'étant tenu en repos pendant quelque temps, l'air est entré par la déchirure dans l'intérieur de la coquille et a séché le reste de liqueur qui se trouve entre la membrane et son corps; par ce fait, il se trouve collé. Lorsqu'on remarque qu'une assez large fracture, qui a été faite à une coquille avec déchirure de membrane, reste la même pendant cinq à six heures, qu'elle ne s'allonge pas, on en peut conclure que le faisandeau est collé dans l'intérieur de l'œuf. Pour le tirer de sa prison, on frappe de petits coups avec un corps dur, comme par l'un ou par l'autre bout d'une clef; on prolonge la fracture jusqu'à ce qu'on lui ait fait parcourir une circonférence complète, et on déchire la membrane qui est au-dessous de la fracture; on peut le faire avec une petite pointe, avec celle d'une épingle, avec celle de ciseaux; mais il faut bien se donner garde de la faire pénétrer dans l'intérieur de l'œuf au delà de ce que le demande le déchirement qu'elle doit opérer (1).

Éducation des faisandeaux.

A mesure que les faisandeaux sortent de leur coque, on les place dans un panier garni de duvet ou de laine et tenu chau-

(1) Voyez, pour plus de détails sur les phénomènes qui se passent pendant l'incubation, l'*Art d'élever les Dindons*, par Chevassu.

dement, soit au soleil, soit auprès d'un feu modéré, jusqu'à ce qu'on les rende aux soins de leur mère, ce que l'on ne doit faire que lorsque tous les œufs sont éclos. On enveloppe d'un linge le panier où l'on a déposé les petits pour qu'ils n'en puissent sortir, et on les laisse ainsi pendant vingt-quatre heures sans leur donner à manger, et au bout de ce temps on les transporte dans le bâtiment des élèves. Des caisses en bois, dont le nombre est proportionné aux élèves de l'établissement, s'y trouvent déposées d'avance pour les loger. Ces caisses doivent avoir un mètre vingt-cinq centimètres de long, cinquante centimètres de large et environ quarante-cinq centimètres de hauteur, seul espace qu'on leur permette de parcourir. La poule y est avec eux, mais retenue dans un bout au moyen de bâtons placés de manière qu'elle ne puisse sortir de sa petite cellule et que les petits faisandeaux aient la facilité de communiquer avec elle. Cet endroit que la poule habite a une dimension de quarante centimètres carrés. et sera muni par le haut d'un couvercle à charnières, afin de pouvoir introduire ou retirer la couveuse. Quant à l'autre extrémité de la caisse, elle est fermée par une porte à coulisse. Le reste est recouvert pendant la nuit d'un toit mobile en planches légères, et le jour d'une claie d'osier.

Dans le cas où l'on n'aurait pas de pièce convenable pour placer cette caisse, il faudrait choisir un endroit abrité situé au midi, parce que les oiseaux ont besoin de chaleur.

Il faudra avoir bien soin d'enlever deux fois par jour la fiente de la poule renfermée dans sa cellule, et, pour neutraliser pendant la nuit la mauvaise odeur des petits placés sous elle, on lui mettra un peu de sable, et pour nourriture on lui donnera par jour six décilitres d'orge et de l'eau fraiche dans une soucoupe, afin que les faisandeaux ne se noient pas. Quant aux élèves, qui n'ont dû, comme nous l'avons dit, recevoir aucune nourriture depuis leur naissance, on leur donnera par tête, pour premier repas, qui aura lieu à cinq heures du matin, un centilitre d'œufs de fourmis ; le second repas, qui aura lieu à sept heures, sera en tout semblable au premier; à neuf heures, on leur donnera cinquante à cinquante-cinq millilitres de mie de pain de froment rassi émietté, avec la même quantité d'œufs durs hachés; de onze heures à sept heures, qui est le dernier repas, on leur distribuera alternativement, de deux en deux heures, l'une et l'autre de ces nourritures. On leur continuera ce même régime jusqu'au cinquième jour.

Il faudra avoir la précaution d'exposer au soleil, s'il n'est pas trop ardent, la caisse renfermant la poule et ses élèves: dans le cas contraire, on la laissera dans la chambre, et, si le temps est frais, on y entretiendra une chaleur modérée.

Du sixième au douzième jour, on peut sans inconvénient transporter les faisandeaux sur les routes sablées de l'établissement, et ils peuvent se promener, pendant le jour, dans les parquets volants où ils sont renfermés (*fig.* 2). Un parquet vo-

2

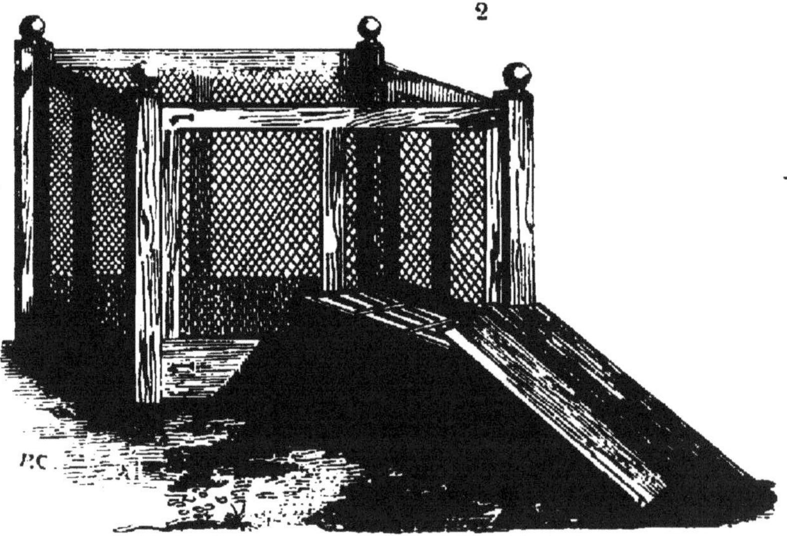

lant se compose de quatre claies d'osier, ayant chacune deux mètres de largeur, un mètre trente centimètres de hauteur, et arrangées de manière que les faisandeaux ne puissent passer à travers les barreaux. Dans le cas où l'on voudrait loger deux compagnies dans le même parquet, il faudrait pratiquer au milieu de deux des claies une ouverture de la même grandeur que la porte à coulisse des deux caisses, que l'on doit, en pareil cas, toujours placer l'une en face de l'autre. Il est bien entendu que, si le parquet ne reçoit qu'une seule compagnie, on ne ménage une entrée qu'à une seule claie.

La nourriture doit être proportionnée à la force des élèves. A cette époque, on leur distribue, toutes les heures et demies, par faisandeau, soixante-quinze millilitres tant de pain que d'œufs durs hachés et d'œufs de fourmis, le tout dans une proportion égale, et on y ajoutera un centilitre de vers blancs.

Lorsque les faisandeaux ont de quinze à quarante jours, ils commencent à voler par-dessus les parquets volants; alors, on ôte la couveuse et les élèves des grandes caisses, on attache la poule par la patte, au moyen d'un ruban en toile, à un piquet placé au pied d'une hutte en paille, qui est destinée à abriter les oiseaux en cas de pluie (*fig.* 3), ensuite on place

3

les élèves dans une caisse moins grande et on les porte dans des routes parallèles, placées de manière que deux caisses soient toujours en face l'une de l'autre.

La nourriture du douzième au trentième jour sera réglée de la manière suivante : depuis cinq heures du matin jusqu'à sept heures du soir, on distribuera à chaque faisandeau, toutes les deux heures, soixante-quinze millilitres tant de millet que de mie de pain émietté et que d'œufs durs hachés, le tout mêlé dans une proportion convenable, et on y ajoutera vingt-cinq millilitres d'œufs de fourmis, avec deux cent vingt-cinq millilitres de vers blancs.

A l'âge d'un à deux mois, chaque faisandeau recevra, toutes les quatre heures, six à sept centilitres soit de blé mêlé de chènevis, soit d'œufs de fourmis seuls, soit de la mie de pain mélangée avec des œufs durs et de bon blé, soit enfin de vers blancs que l'on aura toujours soin de donner vivants.

Pendant le troisième mois, on leur donnera à discrétion, soir et matin, moitié orge et moitié froment; passé cet âge, comme ils sont en état d'adulte, on peut sans inconvénient ne leur donner pour unique nourriture qu'un décalitre d'orge pour cent faisans.

Le régime de la poule est le même pendant la première quinzaine que pendant l'incubation, et, durant la seconde et la troisième, on l'augmente de sept centilitres.

Des œufs de fourmis.

Les meilleurs œufs de fourmis pour les faisandeaux sont ceux qui proviennent des fourmilières que l'on trouve principalement dans les terres cultivées et dans les prairies. Ceux qui proviennent des grosses fourmis noires des bois ne sont pas à beaucoup près aussi bons. Il faut bien se garder de leur donner ceux des fourmis rouges, qui sont pour eux un poison très-subtil, car autrement on verrait tous les faisans qui en auraient mangé tomber comme s'ils étaient frappés par la foudre. C'est le matin et à midi les moments de la journée les plus favorables pour rechercher les œufs de fourmis, parce qu'à ces heures celles-ci sont presque toujours dessus les œufs. On les prend avec une espèce de cuiller à pot soit en fer, soit en bois, on les dépose dans un sac, et, quand on est rentré chez soi, on passe légèrement le sac au four pour faire périr les fourmis.

Des verminières.

Les vers aiguisent l'appétit des faisans, les conservent en bonne santé et en même temps permettent d'économiser le grain. Pour s'en procurer abondamment, on procède de la manière suivante : on creuse un trou plus ou moins grand, suivant la quantité de matière que l'on veut y déposer; les quatre côtés doivent être égaux ; le terrain doit être un peu incliné pour que les eaux qui peuvent être en dessous s'épanchent et n'y croupissent pas; si le terrain est de niveau, on l'élève avec de la terre, on le ferme tout autour d'une bonne muraille d'un mètre de hauteur, on met au fond de ce trou creusé ou de cette élévation, quand le terrain est de niveau, une couche de paille de seigle hachée bien menue de l'épaisseur de douze à quinze millimètres; sur cette couche on fait un lit de fumier de cheval tout récent que l'on couvre de terre légère bien divisée et ameublie, sur laquelle on répand du sang de bœuf ou de chèvre, du marc de raisin, de l'avoine et du son de froment, le tout bien mêlé ensemble. Ces premières couches faites, on les répète alternativement dans le même ordre; on ajoute seulement, quand on est parvenu à la moitié de la fosse, des tripailles, des charognes, etc. Enfin, on recouvre, quand la fosse est plus qu'aux trois quarts remplie, toutes ces matières avec de fortes broussailles, qu'on charge de grosses pierres pour que le vent ne puisse pas les déranger et que la volaille ne puisse y aller gratter. La première pluie qui survient fait pourrir cette composition, et par ce mélange on obtient une quantité prodigieuse de vers et d'insectes.

En bâtissant la verminière, on laisse une porte que l'on ferme avec des pierres sèches jusqu'en haut; c'est par cette porte qu'on entame la verminière en ôtant ces pierres qui sont sur le haut; trois ou quatre coups de bêche suffisent pour en tirer la nourriture de toute la journée, et on la répand dans l'endroit où l'on veut faire manger les faisans, car il serait dangereux de leur en laisser manger à discrétion.

Hygiène des parquets, de la couverie, etc.

La propreté dans une faisanderie est de première nécessité. On profite de l'absence des faisans pour enlever la fiente qui se trouve sur le sable et sur le juchoir des parquets et dans la cabane où se retirent les faisans pendant les mauvais temps. Quand les couveuses prendront leur nourriture, on profitera de ce moment pour ouvrir les fenêtres de la couverie et changer l'air, afin de les soustraire à leur propre infection; et en même temps on enlèvera leurs ordures. On prendra les mêmes soins de propreté pour le bâtiment des élèves. Il ne suffit pas de purifier une habitation, il faut encore laver à l'eau chaude les paniers d'osier servant de nids, les caisses où sont renfermés la poule et ses élèves, les juchoirs et les auges; il est aussi nécessaire de renouveler le foin, le duvet ou la laine dont ils sont garnis, sans quoi la fiente ne tarde pas à engendrer une vermine qui attaque la poule couveuse et ses élèves. De tous ces soins, celui sur lequel on doit le moins se relâcher regarde l'eau que l'on donne à boire aux faisandeaux; elle doit être incessamment renouvelée et rafraîchie; l'inattention à cet égard expose le jeune gibier à une maladie assez commune parmi les poules, appelée *pépie*. Cette maladie, qui souvent met leur vie en danger, se trouve décrite à la fin de cet ouvrage au chapitre des maladies.

Précautions à prendre pour visiter les parquets.

Comme les faisans sont très-farouches, il est important de les familiariser, afin de ne pas les effrayer en entrant dans leur demeure. Le meilleur moyen de les rendre un peu familiers est de siffler quand on leur jette à manger. Il ne faut pas entrer dans les parquets sans avoir frappé légèrement deux ou trois coups à la porte, pour donner le temps à ceux qui sont par terre, et surtout à ceux qui sont occupés à la ponte, de gagner le juchoir sans trop de précipitation, car autrement ils pourraient bien casser les œufs déjà pondus.

Maladies des faisans. — Symptômes, remèdes.

Les faisans sont, comme la plupart des oiseaux de basse-cour, sujets à différentes maladies plus ou moins graves, et qui peuvent avoir de fâcheux résultats si on ne les combat à temps. Nous allons indiquer chacune de ces maladies, ses symptômes, et les remèdes à lui appliquer.

Les plus redoutables sont celles qui attaquent, pour ainsi dire, à époque fixe les faisandeaux, et qui sont au nombre de quatre.

La première se déclare dans les huit premiers jours de leur existence; elle est occasionnée par les temps froids et humides. On voit les oiseaux perdre l'appétit, devenir tristes, et mourir en quelques jours, si on ne s'empresse pas de les renfermer dans un endroit où ils puissent se réchauffer promptement.

La deuxième maladie les attaque dans la seconde quinzaine qui suit leur naissance : c'est une humeur qui se porte aux yeux. Cette maladie est engendrée par une trop grande quantité de faisandeaux réunis dans le même lieu. Pour remédier à cette affection qui est contagieuse, il faut s'empresser de séquestrer les oiseaux qui en sont atteints, et donner plus d'espace à leur logement.

La troisième de ces maladies est la plus dangereuse, et elle est aussi à peu près incurable ; elle se déclare à l'âge de cinq à six semaines. On voit les jeunes faisandeaux, quoique mangeant comme à l'ordinaire, devenir tout à coup étiques. Cette maladie provient des temps orageux et même des temps froids.

La quatrième survient à l'âge de deux mois et demi. Les faisandeaux perdent tout à coup l'appétit et maigrissent ; on voit les plumes de leur queue tomber, et de nouvelles pousser à leur place. C'est pour eux un moment bien critique qui dure une dizaine de jours. Le meilleur moyen de combattre cette maladie est de leur donner une fois par jour des œufs de fourmis, et, à leur repas du matin et à celui du soir, des œufs durs hachés mêlés avec quelques grains d'orge et des feuilles de laitue également hachées bien menues.

Quant aux autres maladies ci-après, elles n'ont pas d'époque fixe pour se déclarer, elles varient beaucoup dans leurs résultats et les symptômes.

Les Poux. — Cette vermine est engendrée par le peu de soin que l'on a de la poule, c'est elle qui communique ces poux aux faisandeaux.

Symptômes : Les plumes se hérissent, la tête un peu enflée.

Remède : Frottez la tête et le dessus des ailes de la poule et des faisandeaux avec de l'huile d'olive, et, si ce remède ne produit pas un bon effet, servez-vous d'onguent mercuriel très-doux (la moitié de la grosseur d'un pois pour chacun) ; tenez chaudement les faisandeaux à qui vous avez fait subir ce traitement.

Le Bouton, maladie du croupion. — *Cause :* malpropreté et infection de leur demeure.

Symptômes : Constipation, démarche lente, plumes hérissées ; on voit les glandes du croupion se gonfler, et s'y former des pustules.

Remède : Coupez adroitement avec un couteau bien tranchant l'extrémité du bouton, qui est blanc, pressez-le ensuite légèrement avec les doigts pour en faire sortir le pus, et lavez la plaie avec de l'eau salée, ou couvrez-la avec du sucre en poudre.

La Constipation. — Cette maladie provient généralement d'une nourriture trop abondante et trop échauffante, comme, par exemple, le chènevis et l'avoine.

Symptômes : On voit le faisan qui s'arrête souvent en faisant des efforts pour fienter.

Remède : Introduisez-lui dans le rectum, et à plusieurs reprises, une tête d'épingle enduite d'huile de lin, et, si la maladie persiste, donnez-lui une ou deux cuillerées d'huile d'olive.

La Diarrhée est occasionnée par le froid, la rosée et une trop grande quantité de nourriture humide.

Remède : Faites manger aux faisans qui sont attaqués beaucoup de baies de genièvre, et donnez-leur pour boisson de l'eau salée, dans laquelle vous aurez plongé un fer rouge. Si la maladie persiste, faites-leur prendre une infusion de camomille dans du vin chaud.

La Goutte. — Cette maladie atteint les faisans qui courent longtemps sur une herbe mouillée.

Symptômes : Roideur et gonflement des jambes.

Remède : Tenez les oiseaux dans un endroit sec et chaud si vous voulez la faire disparaître.

La Pépie provient de ce que les faisans manquent d'eau ou que celle qu'ils ont est malpropre.

Symptômes : Le faisan qui est atteint de cette maladie ne mange plus; on voit se développer au bout de la langue et l'obstruction des narines une pellicule dure ornée de blanc mat.

Remède : Enlevez le plus doucement possible cette pellicule, soit avec une aiguille, soit avec la pointe d'un canif, ayant soin de respecter les parties saines de la langue; lavez ensuite la plaie avec du vinaigre, et, après, enduisez-la de beurre frais.

TABLE DES MATIÈRES

Paris — Imprimerie Simon Raçon et Comp., rue d'Erfurth, 1.

www.ingramcontent.com/pod-product-compliance
Ingram Content Group UK Ltd.
Pitfield, Milton Keynes, MK11 3LW, UK
UKHW022002260726
13994UKWH00004B/1917